我的家在中國‧山河之旅 ⑧

長江

不盡長江
滾 滾 來

檀傳寶◎主編　馮婉楨◎編著

中華教育

各拉丹冬雪山

長江發源於青藏高原的各拉丹冬雪山

三江源自然保護區紀念碑

三峽的縴夫是一道古樸的風景，在峽江上為求生存，他們用汗水付出了辛勤的勞動。

青藏高原是長江、黃河和瀾滄江的發源地。

中華鱘

中華鱘是中國一級保護動物，也是活化石。

縴夫拉縴

煤塊

攀枝花

重慶

白帝城

　　長江是中國和亞洲最長的河流。古往今來，無數文人墨客為它揮毫潑墨。大江南北，無數勤勞的雙手為它用心裝扮。讓我們一起去看滾滾長江，聽一聽它的故事⋯⋯

目　錄

巫山十二峯，傳說是
西王母的十二個女兒
化成的。

三峽水電站是世界上規
模最大的水電站。

朝辭白帝彩雲間，
千里江陵一日還。

昔人已乘黃鶴去，
此地空餘黃鶴樓。
黃鶴一去不復返
白雲千載空悠悠。

揚子鱷是中國特有的
一種鱷魚。

巫山
宜昌
武漢
黃鶴樓
南京長江大橋
南京
上海
東方明珠
豫園
揚子鱷
三峽水電站
奉節縣
李白

悠悠長江水

一滴水的旅程

　　陽光照射在青藏高原的各拉丹冬雪山上，山峯上的積雪和冰川慢慢地、慢慢地融化了……叭！一滴水從冰川的一角滴落下來。

　　這是一場音樂會的開始。各不相同的水滴聲在太陽的指揮下開始不斷地響起，甚至引起了唐古拉山上所有冰川和積雪的共鳴。

　　這又是一場生命旅程的開始。從冰川一角滴落下來的第一滴水，招呼着自己的同伴，開始快樂地奔跑起來。他們由西向東，歡快地跳躍着，流淌着……他們的同伴越聚越多，慢慢地，他們匯成了河。

　　兩岸的風景實在美麗！這條一開始平靜和緩的小河，急不可待地尋訪着新的風景，止不住地就變成了奔騰急流。

　　她快樂地奔跑，吸引了更多的河流……最終，七百多條河流攜手前進，匯成大江，衝向大海！

　　這就是一滴水的旅程，這就是長江的由來。

◀長江源頭沱沱河的風景

這滴水一路上看到了哪些
風景呢?

◀長江上游金沙江

虎跳峽

長江三峽▶

3

長江是中國最長的河流，全長約 6300 公里。長江發源於青藏高原唐古拉山主峯各拉丹冬雪山，自西向東流經青海、西藏、四川、雲南、重慶、湖北、湖南、江西、安徽、江蘇和上海等 11 個省、自治區、直轄市，最後注入東海。

長江是中國和亞洲徑流量最大的河流，全程接納了七百多條支流。這些支流廣泛地分佈在甘肅、陝西、河南、貴州、廣西和浙江多個地區。整個長江流域的面積達 180.85 萬平方公里，約佔我國陸地面積的五分之一。

長江是中國除黃河以外的又一條「母親河」。億萬中華兒女共飲長江水，長江水養育了一代又一代中國人。

人間「通天河」

　　俗話說：河有頭，江有源。人們在世代享用長江水的同時，一直好奇這滔滔江水從何而來，是誰賜予了人們如此豐厚的恩澤？

　　長江發源於青藏高原。青藏高原平均海拔 4000 米以上，與人們生活的平原相比可不就是「天上」嗎？而且，青藏高原多雪山與冰川，冰川覆蓋在山川上，有一些地方形成冰洞，在陽光的照射下可不就是「金碧輝煌的宮殿」嗎？

▲長江之源──唐古拉山脈主峯各拉丹冬雪山

長江源頭探訪史記

長江的源頭吸引了很多人。中國歷史上有多次對長江源頭考察的記載。

戰國時，《尚書·禹貢》上記載長江發源於岷山。事實上，這裏只是長江支流嘉陵江的發源地。

明代時，從西域取經歸來的和尚宗泐認為長江發源於青藏高原東部的崑崙山。這裏雖有河流流出，但不是長江的正源。

明末的徐霞客考察後指出金沙江是長江的正源。事實上，循着金沙江西行，長江還有很長一段。

清代，康熙皇帝派出使臣找到青藏高原，可面對密如漁網的眾多河流，使臣們難以確定長江的正源。

1976 年和 1978 年夏，我國先後兩次組織大規模的江源科學考察，尋找到了青藏高原腹地的三江源地區，發現長江的正源是沱沱河，長江發源於各拉丹冬雪山。

至此，長江的源頭才水落石出。

▲青藏高原北部的崑崙山

青藏高原不僅是長江的發源地，也是黃河和瀾滄江的發源地。所以，青藏高原上的「三江源地區」被譽為「中華水塔」和「亞洲水塔」。這裏有唐古拉山和可可西里山等多座海拔 5000 米以上的山峯。山上冰川廣佈，區域內河流密佈，湖泊沼澤眾多，地下水資源豐富。目前，我國已經在這裏建立了「三江源自然保護區」，以保護中國乃至亞洲幾十億人的生命源泉。

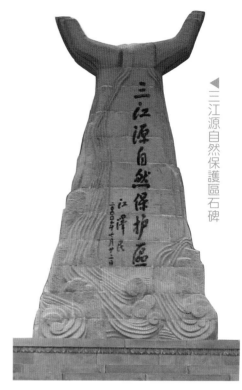

◀ 三江源自然保護區石碑

▼三江源自然保護區景色

7

長江第一灣

　　長江從青藏高原出發去東海旅行時，一開始還有兩個姐姐怒江和瀾滄江做伴。她們本來商量好要一起向東海奔去。走到雲南省玉龍縣石鼓鎮時，她們碰上了玉龍雪山和哈巴雪山兩兄弟堵截。兩兄弟高大威武，兩個姐姐見狀，當即決定繞開玉龍和哈巴，徑直向南流去。長江偏不妥協，堅持要去東海。她來不及招呼兩個姐姐，便一轉身，使勁向東衝去。最終攢足了勁的長江在玉龍和哈巴兩兄弟中間衝出了一條狹窄的道路，繼續向東海前進。

▼三江（金沙江、瀾滄江、怒江）並流示意圖

長江的這一轉身，顯現出了她倔強的性格，也形成了世界自然奇觀──長江第一灣。長江在石鼓鎮的轉彎是一個一百多度的急轉彎，流向從東南改為了東北。長江在玉龍雪山和哈巴雪山中間穿行而過時，形成了一個很深的峽谷，河流變得湍急，人們把這段長江叫「金沙江」。其中一段因老虎踩着江面上的石頭就可以躍過，故名「虎跳峽」。

▶ 金沙江上游平和寧靜

▲ 衝破阻力後的金沙江在虎跳峽段顯得歡騰跳躍

▲ 長江第一灣位於雲南省玉龍縣石鼓鎮。長江在這裏顯現出了她倔強的性格。

長江的「大名」和「小名」

1. 查找資料，說說長江每個河段小名的來由。

沱沱河：

通天河：

金沙江：

川　江：

荊　江：

揚子江：

2. 請用圓圈在圖中標記出長江上游、中游和下游的分界點城市。

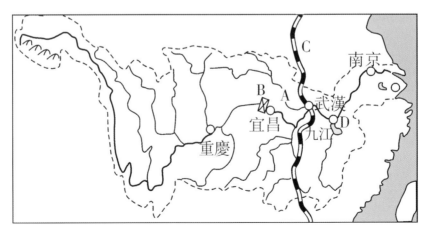

3. 請拿起照相機，沿着長江走走拍拍！在下面的空白處貼上你的遊記照片，並說明你所在的位置。

我在長江 ＿＿＿＿＿＿＿＿（選填「上」「中」或「下」）游的 ＿＿＿＿＿＿＿＿＿＿＿＿＿。

這裏 ＿＿＿＿＿＿＿＿＿＿＿＿＿＿＿＿＿＿＿＿＿＿＿＿＿＿＿＿＿＿＿＿＿＿＿

＿＿＿＿＿＿＿＿＿＿＿＿＿＿＿＿＿＿＿＿＿＿＿＿＿＿＿＿＿＿＿＿＿＿＿＿＿。

那些神奇的地方

江邊神女

在長江岸邊的山上，有一個美麗的姑娘，每天都站在山頭，望着江裏的行船。傳說，她是西王母的小女兒瑤姬，曾在長江三峽一帶幫助大禹治水。水患消除後，瑤姬仍擔心過往船隻的安全，就留在了長江岸邊，每天站在山上為過往的船隻指明方向，保護大家行船平安。一天天，一年年，時間久了，瑤姬竟然變成了一座山峯，永遠地留在了長江邊。為了表達對瑤姬的感謝，人們把瑤姬化成的山峯叫作神女峯。

你能在圖片中找出哪座山峯是神女峯嗎？

神女在這裏！

除了神女峯，長江兩岸最普通的山峯說起來都有一個故事！例如，巫峽十二峯，傳說是西王母的十二個女兒化成的，個個美麗動人；兵書寶劍峽，傳說是諸葛亮放兵書和寶劍的地方……

江中蓬萊

除了美麗的山峯，長江岸邊的山上還有神奇的建築。看吧！石寶寨依山而建，從山腳直通山頂，位於長江水岸，猶如江中蓬萊。在中國神話傳說中，蓬萊是讓人豔羨的人間仙境。石寶寨所依靠的巨石也不是一般的石頭哦！傳說，這是女媧補天遺留下來的一尊五彩石，所以稱之為「石寶」。

位於重慶市忠縣的石寶寨建於明萬曆時期，距今已有四百多年的歷史。以奇特的建築和許多有趣的傳說聞名於世，故又被稱為「江上明珠」。石寶寨反映了中國傳統建築的典型特點——與周圍環境有機結合，彰顯了中國人注重人與自然和諧共生的理念。

江中蓬萊誰來築？
江中蓬萊誰來住？
請查找資料，和身邊的朋友分享一下石寶寨的故事吧！

世外桃源

我們經常聽到一些人在煩躁的時候說：「真想找到一片世外桃源！」世外桃源是怎樣的呢？

陶淵明是歷史上第一個暢想世外桃源的人。在他的《桃花源記》裏，往世外桃源需要穿過一片桃花林，鑽過一個洞口，就能到達那個豁然開朗、與世隔絕的仙境。那裏環境優美，沒有剝削和壓迫，人人勞動，大家怡然自樂。

讓人驚奇的是，在長江岸邊的重慶酉陽，有一處地方，與陶淵明筆下的世外桃源十分相近——穿過一個山洞，豁然開朗，裏面有良田和人家，人們安居祥和……

原來，世外桃源離我們並不遠，就在長江邊上。

重慶酉陽的「桃花源」洞口

14

▲重慶酉陽的「桃花源」牌坊

▲重慶酉陽的「桃花源」內景

陶淵明是東晉著名的田園詩人，他不僅有着浪漫詩人的氣質，還有着令人敬佩的做人骨氣。很多人為求一官半職汲汲營營，陶淵明卻不肯為五斗米折腰。他一生曾五次為官，又五次辭職。他最後一次為官是在長江邊上的彭澤縣城做縣令。當時，陶淵明剛剛上任不久，就碰到一個勢利的官員來督查工作。陶淵明的下屬勸他隆重迎接，並給予賄賂。陶淵明則氣憤地表示：「豈能為五斗米向人折腰，行賄賂之事，失了氣節啊！」於是，陶淵明主動請辭。「不為五斗米折腰」就用來形容為人清高、有骨氣，不為利祿所動。

15

水下魚刻

　　在重慶市涪陵區城北的長江水下，臥着一條巨大的「鱷魚」，其身長有 1600 多米，寬 16 米。這不是真的鱷魚，是山體運動形成的一條天然巨型石梁，形狀看起來像鱷魚。

　　雖然形似鱷魚，但這裏叫白鶴梁。白鶴梁不是普通的石梁，而是一處世界級的水下碑林。石梁北坡上有從 763 年到 1963 年，共 1200 年間的 180 多幅題刻。其中不僅有像黃庭堅這樣的書法大家的真跡，還有魚刻 19 尾和白鶴 1 隻。

▲白鶴梁原貌

　　這水下碑林是怎麼形成的呢？是人們潛到水下題刻的嗎？

　　原來，白鶴梁是古代天然的水文站。石梁在冬春枯水期會露出水面，人們在這裏觀測長江水位，根據水位的位置題刻不同的文字或圖案。這裏記錄的長江水位信息為我們今天在長江上建設水利工程提供了重要參考。

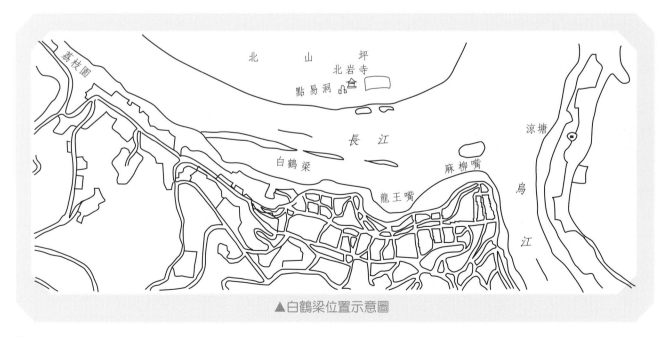

▲白鶴梁位置示意圖

在白鶴梁西頭，有好多條惟妙惟肖的石魚。一條大石魚長約 3 米、寬 1.5 米、厚 0.5 米，被稱為「鯉魚之王」，據記載是刻於清代嘉慶年間。石魚浮出水面，這在當地民間有「石魚出水兆豐年」的寓意。

▲白鶴梁水下博物館內景

▲白鶴梁水下博物館

為了讓人們欣賞到白鶴梁的石刻，白鶴梁水下博物館採用無壓力容器方案保護石刻，使人們可以進入水下欣賞石刻。

鶴梁題刻

浪花淘盡英雄

屈原投江

一天，在汨羅江（長江支流）邊，一個男子漫無目的地走着。

在江邊捕魚的老大爺注意到了他，好心勸說：「做人不要想得太多，那會自討苦吃的！世道好了，就出來為官做事；世道不好了，就隨着它去好了！」

「不！」男人的眼神在這一刻變得堅毅無比，「我寧願投江而死，也不願看這世道混濁！」說話間，這個男人就真的抱起一塊石頭跳入了江中。

這個人就是屈原！屈原是戰國時期楚國的大臣，他為楚國的興旺鞠躬盡瘁，但最終因遭到奸臣陷害而被流放。眼看楚國就要滅亡了，屈原憂愁憤恨，無力回天，就決定與楚國共存亡。於是，屈原揮筆書寫了《懷沙賦》後，抱石投江而去。

屈原投江的這一天正好是農曆五月初五，也就是今天的端午節。屈原投江後，當地的百姓爭相划船打撈，並往江裏扔米糰以防止魚吃掉屈原的屍體。

▲屈原

屈原身上所表現出的愛國主義精神，以及捨生取義的精神境界，一直為後人所歌頌稱道。

屈原不僅是政治家，還是著名的詩人。他創建了著名的文體「楚辭」，並留下了「路漫漫其修遠兮，吾將上下而求索」等著名的詩句。

世渾濁莫吾知，
人心不可謂兮。
知死不可讓，
願勿愛兮。
明告君子，
吾將以為類兮。
——《懷沙賦》

泪羅江畔

長江曾經有很多名字，有人習慣把長江叫楚江，是怎麼回事呢？

屈原投江時，也就是戰國時期，長江並不叫長江。當時秦、齊、燕、趙、魏、楚和韓七雄分割天下。其中楚國國力相對較強，國土相對廣闊，幾乎佔據了整個長江中下游流域。所以，戰國時期人們將楚國境內的長江叫「楚江」，這一稱呼在歷史上延續了很久。

昭君出塞

長江岸邊多美女。漢朝時，在長江邊上的南郡秭歸縣（今湖北興山縣），有一位女子格外美麗，名叫王昭君，被選入宮當了宮女。

▲內蒙古自治區圍繞昭君墓建成了昭君博物院，以紀念昭君

入宮後，恰逢匈奴單于向漢朝皇帝請求和親。為了邊境安寧，皇帝決定選拔一名宮女嫁於單于。眾宮女聽說要遠嫁草原荒漠紛紛躲避，最後昭君深明大義出塞和親。

遠嫁匈奴後，昭君積極傳播漢文化，與單于共同努力，保持了漢匈邊境的安寧，並推動了匈奴的發展。

後人將王昭君列為中國古代四大美女之一，並且讚美她是容貌和心靈皆美的美人。經過歷代文人的詠唱歌賦，昭君的故事家喻戶曉，她成了民族友好的使者。

人們公認的中國古代四大美女除了王昭君以外，還有西施、貂蟬和楊玉環。所謂的「閉月羞花之貌」和「沉魚落雁之美」講的就是四大美女的故事。傳說，貂蟬夜裏拜月，月亮上的嫦娥自愧比不過貂蟬的美貌，就躲到了雲彩裏。楊玉環到花園裏賞花，花兒見到她的美貌都害羞地捲起了花瓣。西施到河邊浣紗，魚兒見到西施的美貌，忘記了划水，沉到了水底。昭君出塞的路上，大雁飛過看到昭君的美貌，忘記了搧動翅膀，從天上掉了下來。中國古代的四大美女幾乎都出生在長江流域。

今天，我們還會常常聽到「蘇杭多美女」「川渝多美女」「荊楚多美女」等說法。這些地方都屬於長江流域，可以說長江岸邊多美女。

赤壁之戰

東漢末年，曹操、孫權、劉備三大勢力的爭奪中心就在長江中下游。一次，為了迎擊曹操，劉備和孫權兩大軍事集團聯手，在赤壁一帶與曹操進行了一次大的戰役，史稱赤壁之戰。

當時，曹操號稱 20 萬的大軍已到長江北岸，這給劉備和孫權兩大軍事集團造成了極大的恐慌，因其兩個軍事集團一共才幾萬人。這時，兩邊的軍事指揮首領諸葛亮和周瑜卻一致認為曹軍不佔戰略優勢。原來，曹操的軍隊來自北方，不擅水戰。為了解決戰士們在船隻上行走不穩的問題，曹操設計用繩索將所有的船隻連在一起，以增強船隻在江上的穩定性。諸葛亮和周瑜敏銳地發現了曹操軍隊的這個缺陷，聯合設計了「火攻連營」的計策，燒掉了曹操的所有船隻，趕走了曹操。

赤壁之戰是中國歷史上非常著名的一場以少勝多的戰役，奠定了之後幾十年裏三國鼎立的局面。

▼赤壁之戰

赤壁古戰場遺址。試想當年，諸葛亮、周瑜和曹操等人縱橫兩岸，其氣勢何其壯哉。

草船借箭

在世人眼中，諸葛亮是智慧的化身。他的智慧在「草船借箭」的故事中可見一斑。

赤壁之戰期間，周瑜為了為難諸葛亮，限諸葛亮 10 天之內造出 10 萬支箭來。沒想到，諸葛亮欣然接受了任務。諸葛亮準備了 20 艘船，用布幔把船身遮起來，還在船兩邊裝了 1000 多個草靶子。一天夜裏，長江上大霧彌漫，漆黑一片，諸葛亮命船一字擺開，駛向曹營，並叫士兵擂鼓吶喊。曹操以為敵人來進攻，又因霧大怕中埋伏，就派弓箭手朝江中放箭，雨點般的箭紛紛射在草靶子上。過了一會兒，諸葛亮又命船掉過頭來，讓船的另一面受箭。就這樣，不等太陽出來，20 艘船上就插滿了箭，諸葛亮滿載而歸，完成了周瑜交給的任務。

這就是著名的「草船借箭」的故事，是我國古典名著《三國演義》中赤壁之戰中一個非常精彩的故事。

▶ 諸葛亮草船借箭

▲ 白帝城內展示的白帝城託孤情景

除了草船借箭，諸葛亮在長江兩岸留下的故事還有許多，例如，白帝城託孤、空城計、隆中對等。

爭渡石鼓鎮

1936 年 4 月，賀龍等率領的中國工農紅軍第二方面軍來到了金沙江邊上。他們一方面要擺脫後方敵人的追趕，另一方面要北上抗日，搶渡金沙江是他們面臨的重要挑戰。

金沙江是長江上游的一段，水流湍急，是一道幾乎不可渡過的天險。因為長江在石鼓鎮掉頭轉向，形成了長江第一灣，水流相對緩慢，因此石鼓鎮是兵家必爭的戰略要地。三國時期的諸葛亮和元代的忽必烈都曾組織軍隊在這裏橫渡長江，紅軍也選擇在石鼓鎮渡江。

當時，紅軍僅用了四天三夜，在石鼓鎮以上 60 多公里江岸的 5 個主要渡口，讓約 1.8 萬紅軍神速渡江，將追敵遠遠地甩在了江對岸。這樣的速度是怎麼實現的呢？這就離不開當地羣眾的幫助了。一聽說紅軍來了，當地羣眾不僅熱烈歡迎，還積極地幫助紅軍尋找船隻，趕製木筏。最後，紅軍靠的就是 28 個船工、7 艘木船和幾十隻木筏渡江的。

▲紅軍搶渡金沙江的畫面

石鼓鎮搶渡是紅軍走向勝利的一個關鍵轉折點。如今，石鼓鎮已經成為著名的旅遊景點，並豎起了中國工農紅軍第二方面軍長征渡江紀念牌。

◀石鼓鎮紅軍和船工握手對話的雕塑作品，展現了當年船工和紅軍的革命情誼。

長江上的船與橋

中國第一艘機動輪船

1866 年，一艘木質的機動輪船開進了長江。

咦，真奇怪！在那個年代，中國的輪船都是靠人力或風力運行，而這艘船是機動的。這就是第一艘由中國人自己設計、製造的機動輪船——「黃鵠號」。

「黃鵠號」平穩地在長江中航行，成羣結隊的人在兩岸圍觀喝彩，感歎中國終於有了自己的機動輪船！

船上的舵手徐壽此刻也感慨不已，並暢想着中國的輪船能趕上西方輪船的速度！徐壽——清末一個生於長江邊上的科技奇才。他完全靠自學鑽研各種科學技術，最終成為中國近代化學的啟蒙者。

機動輪船是怎麼動起來的呢？當時的中國人裏沒有人知道。洋務派領袖曾國藩為此專門調來一艘外國的機動輪船，安排徐壽等人上船快速地參觀一番。之後，徐壽等人靠閱讀書籍與反覆實驗，用了四年的時間自主設計並製作了中國的第一艘機動輪船。

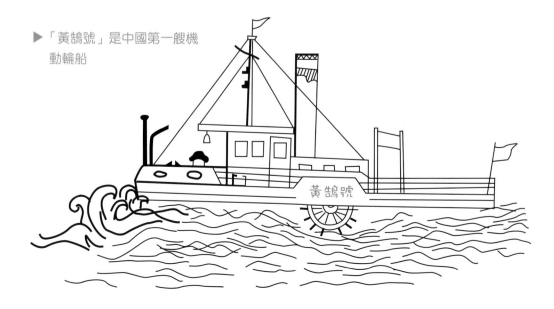

▶「黃鵠號」是中國第一艘機動輪船

盧作孚的諾亞方舟

1938 年，在日本侵華的背景下，湖北宜昌碼頭聚集着 6 萬多人，堆積着 9 萬多噸物資。其中包括從國內各大學撤離到這裏的教師和學生，中國兵工業、航空製造業、機器製造業和輕工業等各類重要物資，以及大量的武器彈藥。這些人和物都是中國未來抗戰的希望，急等着撤離到中國西南大後方。日本人的轟炸機已經開始在湖北宜昌上空盤旋了，如此多的人和物該怎麼撤離呢？

這時出現了一位關鍵人物——盧作孚！盧作孚指揮自己民生公司的所有船隻，用 40 天的時間，分批將人和物夜以繼日地運出了宜昌，駛向西南巴蜀。在運送過程中，民生公司損失慘重，每天都有船隻被日本人炸毀，還有員工被炸傷或炸死。

用「諾亞方舟」來比喻這些船一點都不誇張！作為當時中國最大的船運公司的老闆，盧作孚在民族危難面前放下個人利益，積極貢獻自己公司的力量，為中國抗日做出了極大的貢獻。

▲盧作孚是中國著名愛國實業家

盧作孚，白手起家的「中國船王」。他創建了民生公司，並將其發展成為二十世紀三四十年代中國最大的民族航運企業。但是，他只在自己的公司內擁有極少的股份，生活上安貧樂道。他的志向是甚麼呢？實業救國！他曾在重慶北碚進行鄉村建設實驗，很快將北碚建成了擁有科學院、醫院、學校、公園和植物園的文化之鄉，並在當時就提出了「鄉村現代化」「以經濟建設為中心」「生態為先」等非常具有前瞻性的理念。

在中國近代歷史上，有四個人是我們萬萬不可忘記的，他們是：搞重工業的張之洞；搞紡織工業的張謇；搞交通運輸業的盧作孚；搞化學工業的范旭東。

——毛澤東

那一座座橋

　　1960 年，在長江上游的重慶，一座橫跨長江的鐵路大橋竣工了，人們隆重慶祝橋樑的落成，場面熱鬧，人羣興奮。這一年，重慶人李顯成了這座鐵路橋的維修人員，他無比驕傲，因為這是重慶第一座橫跨長江的大橋。

　　現在，重慶人李顯早已經退休。但是，他曾經工作過的鐵路大橋已是重慶無數座大橋中的其中一座。據不完全統計，如今重慶市境內有 33 座橫跨長江的大橋，其中有鐵路橋，但更多的是

▲武漢長江大橋

公路橋。它們縱橫南北，依山傍水，為美麗的重慶增姿添彩。在李顯的眼中，重慶正在以不可思議的速度發展着。

　　在中華人民共和國成立之前，宜賓以下寬闊的長江上沒有橋，往來兩岸靠的都是船。所以，從江這邊到江那邊並不方便。1957 年，我國建成了第一座長江大橋——武漢長江大橋。此後，一座又一座橫跨長江的大橋被修建起來，如南京長江大橋、重慶長江大橋等。今天，很多城市還擁有多架長江大橋，形成了往來便利的江上交通網絡。

▲重慶首座長江大橋——白沙沱大橋

◄重慶菜園壩長江大橋

▲南京長江大橋

長江今日

沖積出來的富饒

你一定知道上海吧？那是一座繁華的國際大都市。可是，你知道嗎？六七千年前，上海所在的地方還是一片茫茫大海。是甚麼力量讓一座大城市從海面上「升」起的呢？長江！

數千年間，長江帶着大量的泥沙進入大海。泥沙在入海口沉積，慢慢地形成了一個形似三角形的平原——長江三角洲。今天，不僅上海，整個長江三角洲是中國最富饒的地方之一，並且仍在快速地發展、進步。這裏不僅是亞太地區重要的國際門戶，也是全球重要的現代服務業和製造業中心，一批具有國際競爭力的世界級城市羣正在形成，帶動整個沿江經濟帶的發展。

長江兩岸有很多重要且富有特色的城市。看一看，你了解其中的哪些城市？

▲長江沿岸 29 個中心城市

長江三角洲經濟帶是以上海為龍頭的江蘇、浙江、安徽經濟帶。這裏是中國目前經濟發展速度最快、經濟總量規模最大、最具有發展潛力的經濟板塊。據2004年統計數據，長江三角洲地區佔全國土地的1%，人口佔全國5.8%，卻創造了18.7%的國內生產總值、全國22%的財政收入和18.4%的外貿出口。

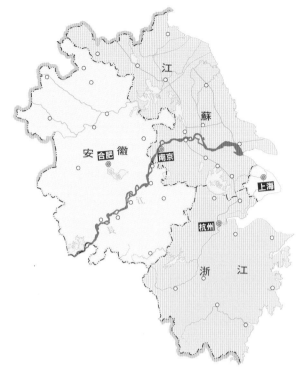

▲長江三角洲經濟帶

▼富饒的上海一角

2019年，上海GDP總額達到3.8萬億元人民幣，位居世界前列。

29

世界上最大的水利工程

1.

家住長江岸邊的王雨是小學五年級的學生。一個周末，和爸媽聊天時，聞說着三峽工程的事。

2.

他們住的地方常常停電。停了電只能點上蠟燭寫作業，因此王雨的視力變得很差。王雨常天真地想：要是能住在一個不停電的地方該多好呀！聽說三峽工程能發電，王雨非常高興。

3.

可是爸爸又說，修三峽工程需要很多錢。王雨想爺爺幾天前給了他 20 元，讓他買筆和簿，就決定捐點錢去。

4.

第二天，爸爸從報紙上找到了國務院三峽工程審查委員會的地址，王雨獨自跑到郵局，把 10 元寄了過去。

三峽大壩，修建在長江上的宜昌段，是世界上最大的水利工程。1994 年，我國啟動了三峽大壩的建設，歷時 12 年，於 2006 年建成使用。三峽大壩擁有強大的蓄水調水功能，能夠抵禦特大洪水；能夠幫助大型船隻通行，提高了長江的航運能力；能夠運用水力發電，滿足了長江兩岸的用電需求。

▼三峽大壩遠景

▼三峽大壩近景

三峽工程的「世界之最」

1. 防洪效益最顯著，能有效控制長江上游洪水，保護長江中游荊江地區 1500 萬人口、150 萬公頃耕地。

2. 最大的水電站，年均發電量在 847 億千瓦時以上。

3. 泄洪能力最大，最大泄洪能力為每秒 10.25 萬立方米。

4. 擁有級數最多、總水頭最高的內河船閘，具體為雙線五級，總水頭 113 米。

5. 擁有規模最大、難度最高的升船機，升船機的有效尺寸為 120 米×18 米×3.5 米，最大升程 113 米，船箱帶水重量達 11 800 噸，過船噸位為 3000 噸。

6. 建築規模最大。大壩壩軸線全長 2309 米，泄流壩段長 483 米，水電站機組 70 萬千瓦×26 台。

7. 工程量最大。工程主體建築物土石方挖填量約 1.34 億立方米，混凝土澆築總量 2800 萬立方米。

8. 施工難度最大。工程 2000 年混凝土澆築量為 548 萬立方米，月澆築量最高達 55 萬立方米，創造了混凝土澆築的世界紀錄。

9. 施工期流量最大。工程截流流量每秒 9010 立方米，施工導流最大洪峯流量每秒 79 000 立方米。

10. 水庫移民總數世界最多。工程水庫動態移民超過 120 萬人，世界上人口在百萬以下的國家有 36 個，百萬移民相當於遷建一個國家。

三峽大壩的建設不僅有各類工程人員的付出，還有當地居民的貢獻。在建設過程中，由於三峽庫區蓄水，水位上升會淹沒周圍的一些村莊和鄉鎮，所以三峽庫區進行了大規模的移民工作，將三峽庫區的原住民轉移到了上海、江蘇、浙江、安徽、江西等省市，或者本地海拔位置較高的移民村。可以說，沒有當地居民的支持，就沒有三峽大壩的成功。

▼三峽大壩泄洪的場景

　　三峽大壩的投入使用表明我們駕馭長江的能力增強了。但是，由於截流長江水流，三峽大壩也引發了一些新的問題。例如，減少了長江下游的水流量，阻滯了泥沙沖向下游，尤其是入海口，引發了長江三角洲地區海水倒灌的問題。這些生態問題的解決亟待我們對整個長江流域進行更加深入的研究。

▲三峽大壩的船閘與過船

修復長江的生態環境

2002 年，一條與長江有關的消息讓世界上許多人陷入了悲傷——白鱀豚「淇淇」去世了！

白鱀豚是生活在我國長江中的特有物種，被稱為「水中的大熊貓」和「長江女神」。20 世紀 80 年代，人們發現白鱀豚已然成為瀕危動物，數量僅剩 300 頭。為了研究和保護白鱀豚，1980 年，人們在長江裏捕撈到一頭活的白鱀豚，將其送到湖北武漢的中國科學院水生生物研究所人工養殖，並為其取名「淇淇」。從此，淇淇開始了孤獨的生活之旅。

這期間，白鱀豚的數量越來越少。直到 2002 年，淇淇最後也去世了。人們驚呼，有着 2000 萬年歷史的白鱀豚要滅絕了！

同時，大家不約而同地開展了一項行動——為白鱀豚建一個新家！哪怕亡羊補牢，也要修復長江優美的生態環境！

▲野生動物紀念幣

▲白鱀豚郵票

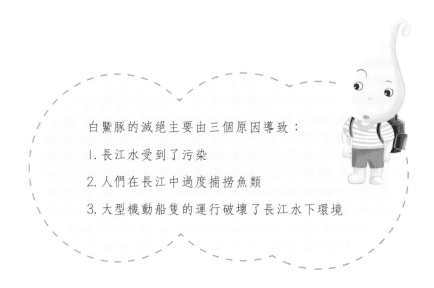

白鱀豚的滅絕主要由三個原因導致：

1. 長江水受到了污染

2. 人們在長江中過度捕撈魚類

3. 大型機動船隻的運行破壞了長江水下環境

人們渴望能再見到白鱀豚的身影。2006 年，中國、美國、瑞士、日本、英國、德國 6 個國家 25 名國際一流專家組成的國際科考隊，動用了最先進的搜尋設備，全面引入聲學考察方法，對長江流域進行了為時一個多月的考察，尋找白鱀豚的身影，但沒有任何發現！此次科考負責人、中國科學院水生生物研究所研究員王丁博士只得安慰大家，沒有發現白鱀豚不等於牠已經滅絕，再系統的考察也可能遺漏。

近年來，在政府的組織管理和社會各界力量的參與下，我國採取了一系列的舉措來保護長江。例如，全面規劃和管理長江流域的水資源，排查和關閉水污染源，專門保護流域內的濕地和生物，通過立法和監督來防止更多的破壞，等等。截至目前，長江的水資源已經得到了明顯的改善。

我們已經看不到白鱀豚了，有一天，或許我們在長江裏就看不到魚了……1964 年，長江宜昌斷面魚苗徑流量是 45 億；2005 年，該斷面魚苗徑流量僅有 0.5 億。按照這樣的衰減速度，請計算，哪一年長江中的魚就沒有了？

縴夫變明星

長江兩岸生活着很多縴夫。縴夫是在岸邊用縴繩幫人拉船為生的人。從古至今，長江都是重要的水運航道。舊時，長江上往來的船隻經常會碰到淺灘而擱淺，尤其在巴蜀一帶。這時就只能靠縴夫拉縴渡過。成羣的縴夫彎着腰，背着縴繩，喊着號子向前拉。縴夫因為有時要在水中上上

▲長江三峽縴夫

下下，乾脆就光着身子使勁地拉。人們已經不知道縴夫是從甚麼時候開始有的了，只知道一代代在傳唱縴夫號子——「三尺白布，嗨喲！四兩麻呀，呵嗨！腳蹬石頭，呵嗨！手刨沙呀，嗨着！光着身子，嗨喲！往上爬喲，嗨着着……」

老曹是長江邊上的一名縴夫，他從自己的爺爺和父親那裏繼承了縴夫的行當。但他現在已不再是一名普通的縴夫，而是一個大明星。隨着像三峽大壩這樣的水利工程的投入使用，長江的船隻越來越少需要縴夫拉縴了。按道理，老曹的工作量會大大減少。事實卻相反，老曹的工作更多了，並且收入也更多了。他現在在一個旅遊景區工作，每天和同伴拉縴表演給遊客看。遊客喜歡聽他們拉縴時雄渾的號子聲、看他們拉縴時健美的姿態。除此，老曹還經常到一些電視台錄製節目，展現縴夫文化，並在當地開辦培訓班傳承縴夫文化。老曹儼然已經是一個大明星了。

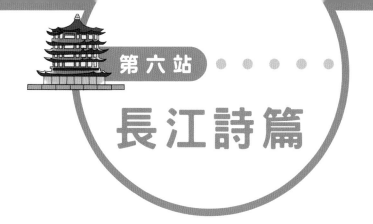
詩詞裏的長江

　　如果你真的到了長江，相信你一定會被長江的雄奇美麗所震撼。想想看，長江縱貫東西，橫切南北，那是何等壯哉。到那時，你會發現自己不知道該說甚麼好了，真想吟詩一首！

　　從古至今，長江一直都是中國文人名士吟詩作賦的對象。據不完全統計，直接以長江或長江為背景的中國古代詩詞有一百餘首。其中，唐朝詩仙李白一個人就留下了許多關於長江的詩詞，並被廣為傳誦，例如：「孤帆遠影碧空盡，唯見長江天際流。」「朝辭白帝彩雲間，千里江陵一日還。」「天門中斷楚江開，碧水東流至此回。」

朝辭白帝彩雲間，
千里江陵一日還。
兩岸猿聲啼不住，
輕舟已過萬重山。
——李白
《早發白帝城》

李白自身就是四川人，生活在長江沿岸。二十出頭時，他乘船順江東遊，開始了一生的遊歷。

36

除了李白外，歷史上還有很多詩人對長江揮毫潑墨、吟詩作賦。你能為下列詩詞找到它們的作者嗎？

滾滾長江東逝水，浪花淘盡英雄。　　　　　　唐·杜甫

無邊落木蕭蕭下，不盡長江滾滾來。　　　　　宋·蘇軾

大江東去，浪淘盡，千古風流人物。　　　　　明·楊慎

湛湛長江水，上有楓樹林。　　　　　　　　　三國魏·阮籍

天門中斷楚江開，碧水東流至此回。　　　　　唐·李白

八月長江萬里晴，千帆一道帶風輕。　　　　　唐·崔季卿

長江之歌

除了吟詩作賦以外，你還可以用唱的形式來表達你對長江的感受。中國人對長江充滿了熱愛，一次次地用不同的藝術形式來表達對她的熱愛。其中，歌曲《長江之歌》常唱不衰。

你從雪山走來，春潮是你的風采；
你向東海奔去，驚濤是你的氣概。
你用甘甜的乳汁，哺育各族兒女；
你用健美的臂膀，挽起高山大海。
我們讚美長江，你是無窮的源泉；
我們依戀長江，你有母親的情懷。

你從遠古走來，巨浪蕩滌着塵埃；
你向未來奔去，濤聲迴盪在天外。
你用純潔的清流，灌溉花的國土；
你用磅礴的力量，推動新的時代。
我們讚美長江，你是無窮的源泉；
我們依戀長江，你有母親的情懷。

20 世紀 80 年代，中央電視台組織拍攝了大型紀錄片《話說長江》，並面向全國廣徵主題曲歌詞。1984 年，《長江之歌》從 4583 件作品中脫穎而出，被選中成為主題曲。

《話說長江》紀錄片播出後，產生了萬人空巷同觀一劇的轟動效應。歌曲《長江之歌》也隨着紀錄片的播出在全國廣泛傳唱開來，後來還被選入了中小學語文課本。無論是《話說長江》的轟動，還是《長江之歌》的傳唱，都說明了中國人對長江的熱愛和依戀。

作賦長江大闖關

　　中國有許多詩詞讚頌長江的宏偉、壯麗，這是一個巨大的文化寶庫。讓我們一起來玩一個長江詩詞闖關遊戲吧！

　　遊戲規則：請你和同學組成 6 人闖關遊戲小組，1 人手持題庫擔任裁判員和主持人，1 人擔任闖關者，其餘 4 人擔任守關門將。闖關者先指明自己要挑戰哪位守關門將，然後請主持人出題目，闖關者和守關門將搶答，闖關者率先答對題目的話就闖關成功。如果闖關者能夠連闖四關，遊戲小組就可以對闖關者進行獎勵，並換下一位同學做闖關者。

八月＿＿＿＿＿萬里晴，千帆一道帶風輕。
——唐·崔季卿《晴江秋望》

大江東去，浪淘盡，＿＿＿＿＿＿＿＿。
——宋·蘇軾《念奴嬌·赤壁懷古》

40

我住長江頭，君住長江尾，

日日思君不見君，_____。

——宋·李之儀《卜算子》

滾滾長江東逝水，浪花淘盡英雄。

——明·楊慎《_____》

一道殘陽鋪水中，半江____半江紅。

——唐·白居易《暮江吟》

我的家在中國・山河之旅 ⑧

不盡長江滾滾來 | 長江

檀傳寶◎主編　馮婉楨◎編著

責任編輯：吳黎純　楊　歌

裝幀設計：龐雅美

排　版：陳先英

印　務：劉漢舉

出版 / 中華教育

香港北角英皇道 499 號北角工業大廈 1 樓 B

電話：（852）2137 2338

傳真：（852）2713 8202

電子郵件：info@chunghwabook.com.hk

網址：https://www.chunghwabook.com.hk/

發行 / 香港聯合書刊物流有限公司

香港新界荃灣德士古道 220-248 號

荃灣工業中心 16 樓

電話：（852）2150 2100

傳真：（852）2407 3062

電子郵件：info@suplogistics.com.hk

印刷 / 美雅印刷製本有限公司

香港觀塘榮業街 6 號

海濱工業大廈 4 樓 A 室

版次 / 2021 年 3 月第 1 版第 1 次印刷

©2021 中華教育

規格 / 16 開（265 mm x 210 mm）